人类的进化

撰文/周彦彤　　审订/臧振华

中国盲文出版社

怎样使用《新视野学习百科》?

请带着好奇、快乐的心情，
展开一趟丰富、有趣的学习旅程！

1 开始正式进入本书之前，请先戴上神奇的思考帽，从书名想一想，这本书可能会说些什么呢?

2 神奇的思考帽一共有 6 顶，每次戴上一顶，并根据帽子下的指示来动动脑。

3 接下来，进入目录，浏览一下，看看这本书的结构是什么，可以帮助你建立整体的概念。

4 现在，开始正式进行这本书的探索啰！本书共 14 个单元，循序渐进，系统地说明本书主要知识。

5 英语关键词：选取在日常生活中实用的相关英语单词，让你随时可以秀一下，也可以帮助上网找资料。

6 新视野学习单：各式各样的题目设计，帮助加深学习效果。

7 我想知道……：这本书也可以倒过来读呢！你可以从最后这个单元的各种问题，来学习本书的各种知识，让阅读和学习更有变化！

神奇的思考帽

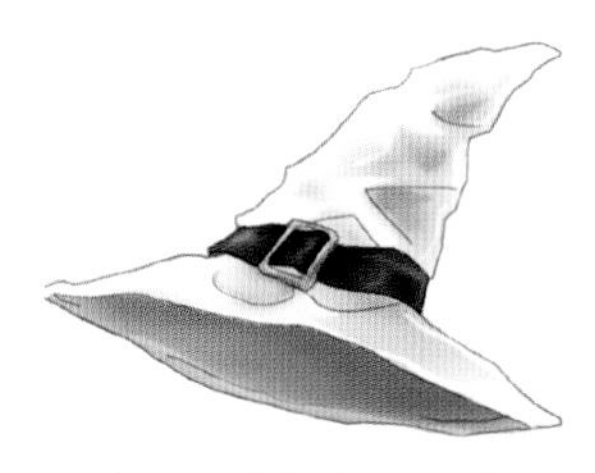
客观地想一想

用直觉想一想

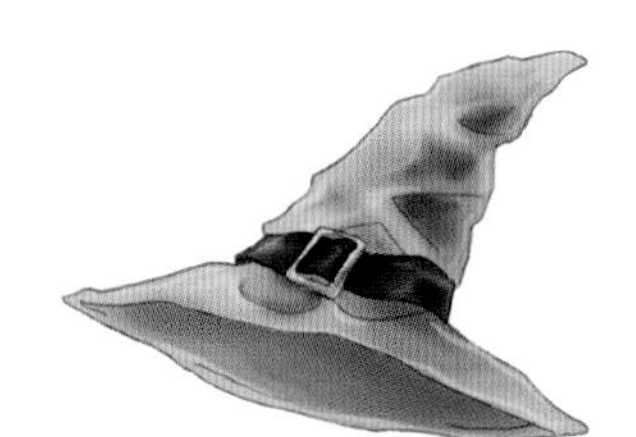
想一想优点

想一想缺点

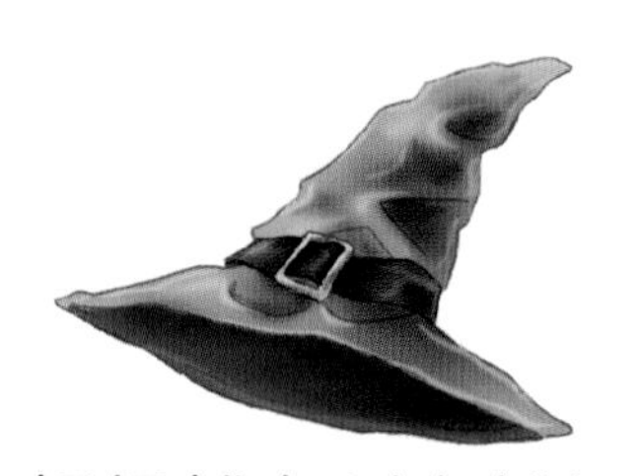
想得越有创意越好

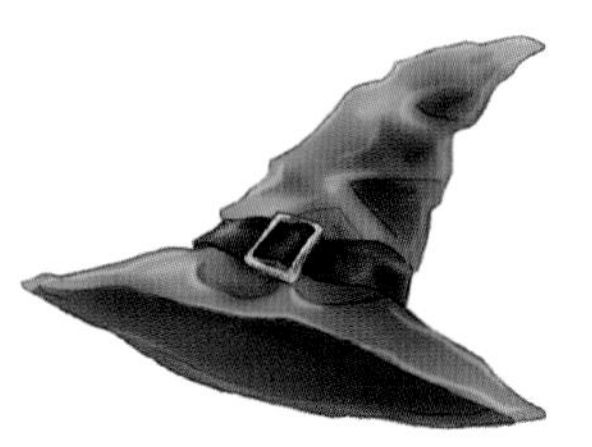
综合起来想一想

? 人类的祖先有哪些？

? 你觉得人类和猿猴最大的不同是什么？

? 语言为人类的进化带来哪些好处？

? 人类已经很清楚自己的进化过程吗？

? 如果你可以控制人类的进化方向，你希望将来人类进化成什么样子？

? 人类的进化受到哪些因素影响？

目录

人从哪里来 06

达尔文的进化论 08

探讨人类进化的学问 10

猴子、猿与人类 12

最早的人类祖先：南猿 14

人与猿为何分家 16

巧人的出现 18

直立人登场 20

早期智人的样貌与文化 22

现代智人的诞生 24

迈向现代人之路 26

从混沌到文明 28

CONTENTS

现代人的进化 30

人类进化的未来 32

■英语关键词 34

■新视野学习单 36

■我想知道…… 38

■专栏

存在巨链 07
达尔文的斗犬 09
碳14测年法 11
拉玛古猿 13
李奇家族 15
水猿理论 17
奥杜韦文化 19
中国的直立人遗迹 21
莫斯特文化 23
动手做石器 23
谜一样的佛罗勒斯人 25
线粒体夏娃假说 27
史前艺术 29
人种的划分 31
基因复制对人类进化的影响 33

单元1

人从哪里来

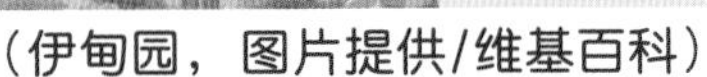

（伊甸园，图片提供/维基百科）

“人从哪里来?”这是个古老的问题。19世纪之前，关于人类的起源，众说纷纭，多半充满神话色彩。直到达尔文提出进化论，人类起源终于有了一个比较清晰且科学的轮廓。

左图：中国神话中，女娲以黄土和水捏制出人。像这样以土造人的神话普遍存在于各民族间，例如埃及、新西兰都有类似传说。（图片提供/达志影像）

人类起源的想象

古老的中国神话中，女娲搓揉黄土，依自己的形象，捏造出人。古希腊神话中，被放逐的普罗米修斯，用河水和藏有天神种子的泥土捏塑成人，再把善与恶、灵魂和呼吸放入人的胸腔，人因此有了生命。北欧神话中的天神用树木刻出男女，并赋予生命。美洲的印第安部落，则各自有从豹、熊等动物变成人的神话传说。几乎每一个民族，都曾试着回答“人从哪里来”，形成了五花八门想象力十足的说法。

上帝以土创造了亚当并赋予他生命，再由亚当的肋骨造出夏娃。图为德国画家卢卡斯·克拉纳赫的《伊甸园中的亚当与夏娃》。（图片提供/GFDL）

欧洲自中世纪以来，长期受到宗教信仰影响，对人类起源的看法，主要来自《圣经·创世纪》的描述：人是上帝依照自己的形象塑造的，因此特别受到神的眷顾。当时的人相信，人与其他生物有别，能够主宰自然。

人的研究与分类

在这样的时代背景下，欧洲学者依然试图在生物学、解剖学、遗传学等领域中提出假说，解开生物起源之谜，其中不乏对人类的探讨。18世纪，生物进化的概念萌芽，许多关于人类进化的假设被提出，当时关于人与猿的关系最受到关注。

进化学说激怒不少当时的卫道人士。图为1882年英国一本周刊的漫画《人不过是一条蠕虫》，讽刺达尔文。（图片提供/维基百科）

法国生物学家拉马克（1744—1829）推测，人类的始祖可能是一种猿。在植物学家林奈设计的生物分类系统中，人与猴子、猩猩同被归为灵长目。英国生物学家赫胥黎更进一步提出，人与猿的关系，比人与猴更接近，人应该是一种猿类而非猴类。1871年达尔文发表《人类的由来及性选择》，他根据黑猩猩与大猩猩都分布在非洲，大胆推论人类的起源地很可能也是非洲。这种“人是猿变来的”的想法，在当时引起极大冲击。之后，随着更多研究与考古证据的出土，人们对于自己究竟从何而来，逐渐有了清晰的轮廓。

人与黑猩猩在自然界中，彼此的“血缘”最相近。人类学的相关研究提醒人们，环境的变异深深影响着人类，人是进化的产物，是自然的一份子。（图片提供/达志影像）

存在巨链

“存在巨链”（The great chain of being）又称为“自然阶梯”，是中世纪欧洲对宇宙秩序的概念。“存在巨链”代表宇宙中万物的地位。这个概念具有阶级性，巨链的顶端是上帝，是造物者；上帝之下是天使，这两者以一种神圣的形式存在；天使之下就是人类，位于万物之上。因为当时的欧洲人相信人类是特殊的，不仅是一种生物，更拥有精神思想与道德，比万物更接近上帝。人类之下，生物由高至低依序排列。这个观念使得当时的人相信万物是为了人类而存在。直到达尔文的进化理论指出，物种之间可能有所关联，但不见得有高下之别，这个“存在巨链”的想法才逐渐改变。

拉马克的进化观点包括物种是可以变化的，并以用进废退与性遗传解释进化，启发后代。图为拉马克纪念奖牌。（图片提供/达志影像）

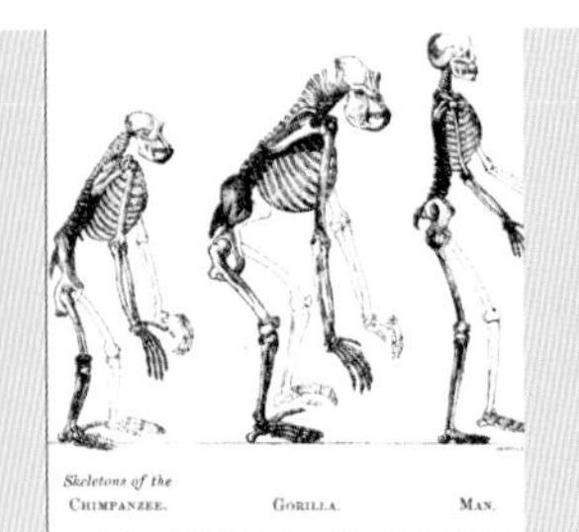

单元2

达尔文的进化论

（赫胥黎著作《人类在自然界的位置》卷头插画，比较人与其他灵长类的骨骼，图片提供/维基百科）

尽管在达尔文发表《物种起源》之前，西方对于人与猿猴的关系已有一些讨论，但对当时的人来说，人类仍是上帝最杰出的创造物，与自然界的万物不相同。1859年，达尔文提出进化论，关于人类起源的研究，开始朝着新的方向发展。

人类是自然界的一部分

达尔文在《物种起源》中，虽然仅探讨了植物与动物的进化模式，没有直接谈到人类进化的问题，却仍受到很多人的批评，指责达尔文暗示人类是由猿猴演变而来。

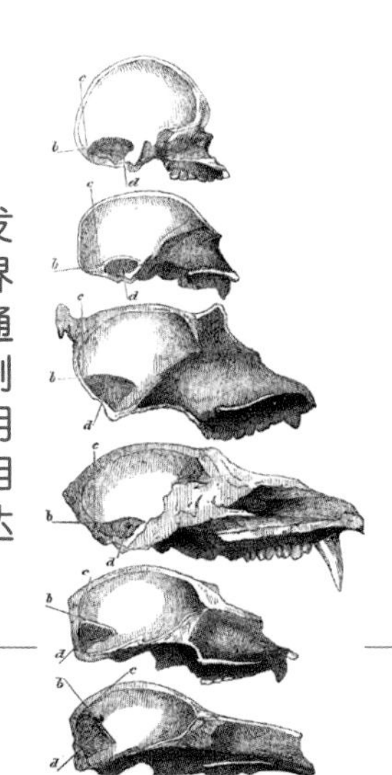

1863年，赫胥黎发表的《人类在自然界的位置》一书，通过人类与猩猩的解剖学研究比较，证明人的构造和猿类极相近。（图片提供/达志影像）

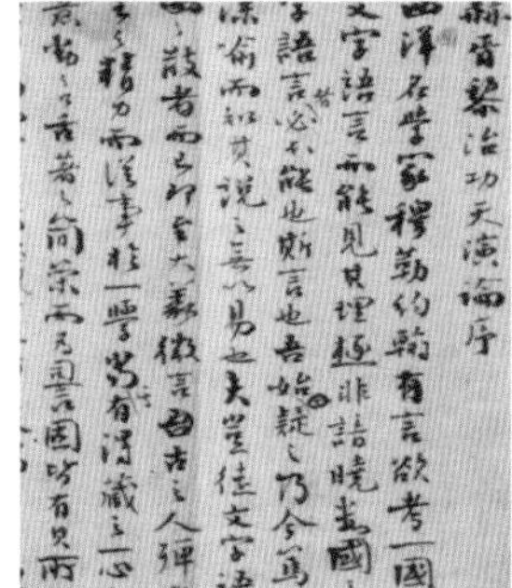

1897年严复发表《天演论》，翻译赫胥黎《进化论与伦理学》的部分章节并整合其他学者与自己的见解，影响中国甚巨。图为手稿。（图片提供/达志影像）

4年后，好友赫胥黎（1825—1895），出版《人类在自然界的位置》一书，明确指出人与猿在进化上有着非常密切的关系，他直指人可能是由猿演变而来。由于人类与其他生物都是同一进化机制下的产物，人类当然不能自外于自然界。这个说法严重冲击当时的西方思想界。

人类的起源与进化模式

1871年，达尔文的《人类的由来及性选择》出版，提出两个重要观点：人类的起源地以及进化模式。

首先，达尔文推论人类最可能的起源地是非洲，因为他认为任何同一类生物，都是从一个共同的起源开始，不会有两种起源，而与人类关系最密切的黑猩猩与大猩猩都起源于非洲。这个看似过于单纯的推论，很长一段时间被科学界所鄙弃，但后来的研究却显示达尔文的推论是对的。

此外，达尔文认为人类的许多特征，包含体质与文化的进化，是环环相扣的。他提出人类直立行走与工具的制造有关，空出的双手是为了制造石器等工具。有了工具之后，生理也逐渐变化，例如人类不需用牙齿与敌人撕咬，犬齿因而变小。这套连锁进化还指出人类的始祖可能是某种比现生猿猴高明的猿类。

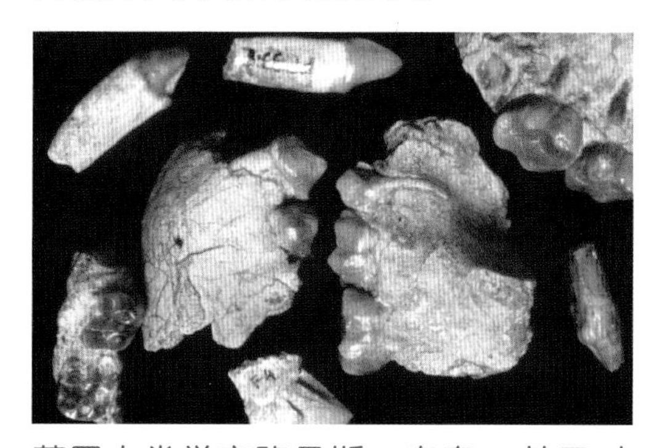
英国人类学家路易斯·李奇，基于对达尔文的信任与幼年在非洲的经历，以非洲作为考古挖掘地，成果辉煌。（图片提供/达志影像）

小猎犬号旅程的种种经历与搜集，启发达尔文有关进化的想法。图为记录火地岛住民的插图。（图片提供/维基百科）

达尔文提出人起源于非洲的推论，随着愈来愈多考古证据的出土，已经获得证实。

1831年，达尔文搭乘小猎犬号展开5年的环球航行。之后数十年达尔文陆续整理出描述旅程的《小猎犬号之旅》与影响深远的进化论等。（绘图/陈正堃）

达尔文的斗犬

达尔文的《物种起源》发表之后，引起极大的震撼与抨击，特别是来自教会的指责。不过在这场科学知识的争论中，达尔文本人并未正面迎战，而是另有一位学者努力捍卫进化论学说，甚至以不惜“遭受火刑”的决心为这个理论辩护。这位学者被冠上“达尔文的斗犬”的称号，他便是英国的生物学家：托马斯·亨利·赫胥黎。关于赫胥黎捍卫进化论最精彩的一段，便是他与英国主教威尔伯福斯的一场辩论。当主教以傲慢的口吻嘲讽“请问，跟猴子发生关系的，是你祖父这一方，还是祖母那一方？”时，赫胥黎铿锵有力地驳斥主教对科学不求甚解的态度，并回复自己宁愿是猿猴的后代，也不愿意祖先是个利用天赋来遮掩事实的人。他的态度赢得在场许多年轻学子的支持。

赫胥黎借着演说推广进化论观点。黑板上为手绘猿类头骨轮廓。（图片提供/维基百科）

单元3

探讨人类进化的学问

（图片提供/维基百科，摄影/Jose-Manuel Benito Alvarez Locutus Borg）

在研究人类的学科中，考古学与人类学是很重要的。它以调查、发掘古代人类的遗骸与文化遗存来研究古代人类的体质和文化；特别是对史前人类的研究，没有文献参考，唯有通过古地层出土的遗物、遗迹和墓葬等，才能推论出当时人类的生活方式，将各时期连接，勾勒出人类体质和文化的进化过程。

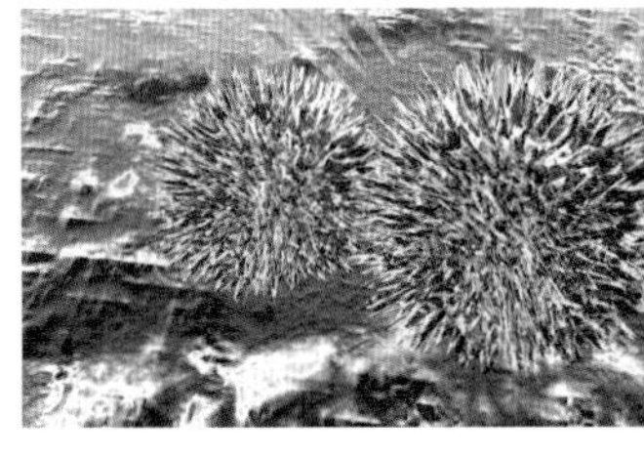

花粉化石。孢粉学家将花粉从堆积物中分离，借此找出此区曾有的植物，推想史前人类的饮食。（图片提供/达志影像）

考古工作的进行

考古学的起源很早，考古学(Archeology)一词在古希腊文献中就已出现，意思是研究古代事物的科学。现代考古学自19世纪兴起，重视科学的挖掘与研究方法，研究对象遍及所有古文物与古代遗迹。考古发掘就某个层面来说就是破坏，是一个不能重复的实验，因此未经仔细评估，考古学者不会贸然挖掘。开挖前，先针对整体环境，包含地形、地质、土质与地

考古学是一门需要极大耐心，同时与多项专业配合的学问。通过考古学家、地质学家、人体解剖学家，以及现场挖掘人员等的配合，一步步重现考古现场的原貌与曾发生的事。（绘图/刘俊男）

表上的遗物残留等环境状况进行了解，并阅读相关资料，对当地聚落进行访谈。掌握整体状况后，才展开挖掘工作，这部分包含了测量、挖掘与记录。一旦有文物出土，就得进行整理与分析。首先仔细清理收集到的文物，以便察看细节状况，然后仔细记录建档。有时挖掘出来的，可能是一个破损的头骨，为有效分析这个资料，考古学者会运用修补技术，将碎片接合成完整头骨，以重现原貌。

出土物往往破碎不堪，研究人员需要以极大的耐心将这些碎片拼凑起来，尽可能恢复出土物原貌。（图片提供/达志影像）

古文物的解读方法

为获得更多出土文物的信息，考古学家需要与不同领域的研究人员合作，并运用不同的科技，例如利用碳的放射衰变率来定出年代。此外，为了解遗址主人当时的生活环境，考古学家也需与地质学者密切配合，从地层解读出当时的气候与生态环境。当然他们也会运用人类学的知识，分析遗址状态背后所代表的文化意义。借着跨学科与科技的整合，考古学家让出土的遗址与文物诉说自己的故事，不再只是学者自己的诠释。

找出化石的准确“年龄”对于考古学意义重大，科学家使用质谱仪测定考古样本中的碳14。（图片提供/达志影像）

碳14测年法

新科技的发明，对于考古学在确认古代遗存的年代上，提供莫大帮助。目前广泛使用的技术是碳14测年法。碳14是碳原子的一种具有放射性的同位素，以规律的速度衰变，利用分析及计测考古样本中碳14的衰变程度，就能测量考古样本的年代。不过碳14只存在于生物有机体当中，生物通过呼吸、进食或光合作用从大气中摄入碳14，生物一旦死亡，交换就会停止，使碳14随着时间稳定衰变。因此，考古学者便可利用生物遗存中残留的碳14来测定年代。这种测年法是1949年由美国阿诺与利比(Arnold & Libby)两位科学家发现，至今仍被公认是最佳的定年法。

进化上不同期的人类，体质构造不尽相同。通过对解剖学的掌握，科学家可判断出骨骸化石或活动遗迹（如脚印）属于哪个年代的哪种人类。（图片提供/达志影像）

单元4

猴子、猿与人类

（印度史诗《罗摩衍那》猴王会见罗摩王子，图片提供/维基百科）

根据解剖学、生物学等研究，学者很早便确立人类在整个动物界的分类位置，属于哺乳动物纲、灵长目、人科。其他和人同为灵长目的还有猴与猿，虽然三者属不同科，仍可看出彼此关系紧密。

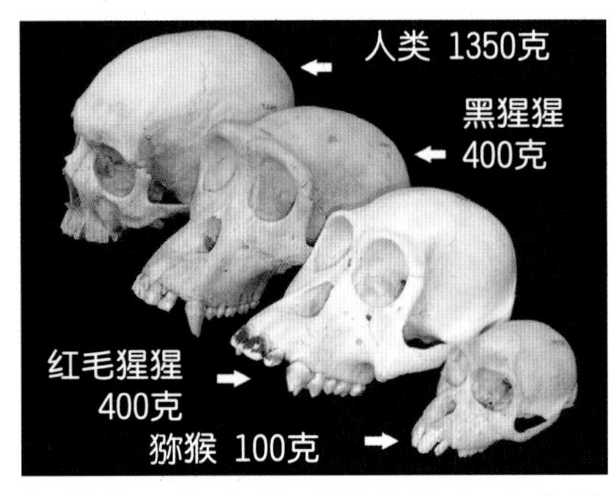

与其他灵长类的动物比较起来人类的脑容量更大。（图片提供/维基百科，Christopher Walsh，Harvard Medical School）

谁跟谁的关系比较相近呢

如果单就外形来寻找与人类最相近的物种，多数人会毫不迟疑地指出猴子、猩猩等。早期的解剖学家发现，猴子不仅外形，就连内部器官、骨骼形状，都与人类十分类似。不过要是跟大猩猩、黑猩猩等相比，人类与它们的相似度更高。例如猴子的身体构造适于以四肢着地的方式活动，但猿类却倾向以直立的方式活动，猿类头部前倾的幅度也不像猴子那么大，这些特征都更接近人类。

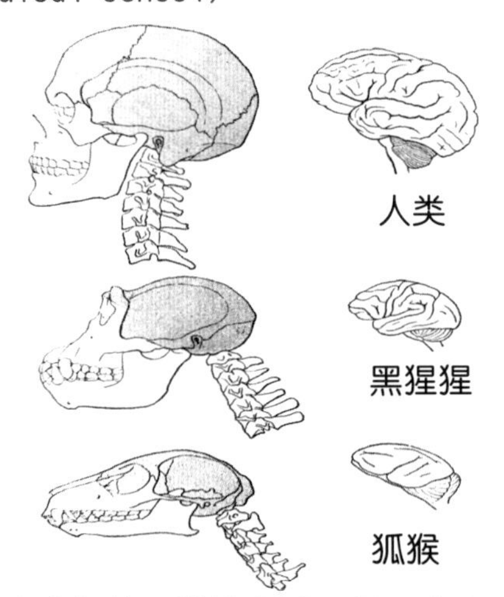

人类头部位于脊椎顶端，易于直立时保持平衡；黑猩猩与狐猴的脊椎与头骨的连结处则在较后端，头部前倾。（图片提供/达志影像）

早期学者普遍认为人类与猿类之间有着共同的祖先，但人类在很早以前，就已与猿类分家独立进化。1961年，考古学家根据先前在印度发现的一种小型猿类化石发表论文，宣称这种命名为“拉玛古猿”的生物应是已知最早的原始人，至少在距今1,300万～1,500万年前就已经出现。

黑猩猩利用石头敲破坚果的硬壳，便于取食。身为人类的近亲，黑猩猩已懂得使用简单的工具方便生存。（图片提供/达志影像）

分子生物学的证据

近代的分子生物学，通过对比人类、黑猩猩、大猩猩等的DNA，得出很不一样的结论：人类与大猩猩、黑猩猩有共同的始祖，在距今约500万—700万年前才产生分化。换句话说，人类起源的时间要比拉玛古猿所得的推论迟了近1,000万年，而人类与大猩猩、黑猩猩的关系也远比原来所想象的亲近。事实上，2002年人类与黑猩猩的基因组比较显示，人类与黑猩猩的基因组差距仅1.23%，比起外貌相近的大猩猩，黑猩猩与人类在基因上更接近。因此，有学者主张黑猩猩可纳入人属，大猩猩则仍为独立的一属，都列于人科。此外，随着新的考古证据出土，拉玛古猿被视为是一种与现代红毛猩猩在外貌与生活形态上相近的原始猿类，而非人类祖先。

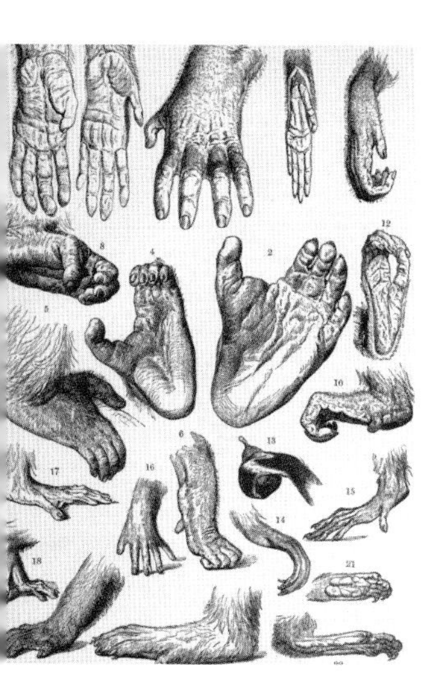

多数灵长类的手和脚都具有以下几项特征：各有5只指头、拇指与其他4指分离、有指纹。（图片提供/维基百科，Shyamal）

拉玛古猿

1932年，美国耶鲁大学的研究人员在印度一处古老沉积层中，找到一个灵长目动物的上颌骨（牙龈上方的骨头），并将该生物取名“拉玛古猿”。20世纪60年代，学者提出这块化石的形态与残留的牙齿形式与人类极相似，进一步推论如果重建这块化石，其外貌将非常接近人类。这些学者甚至大胆推测拉玛古猿是以两足直立行走。由于这个化石出土的地层约是1,300万年前，因此学者乐观推测人类起码起源于1,500万年前。但随着越来越多类似化石的出土，人类学家才发现事实并非如早期学者所言。拉玛古猿是一种很原始的猿猴，生活在树上，不以两足站立。拉玛古猿事件，提醒研究人类进化的学者，不要以单一元素，犯下想象出整套“连锁进化”的错误。

根据拉玛古猿上颔骨化石所推测的拉玛古猿样貌，实际上它与红毛猩猩较相似。（图片提供/达志影像）

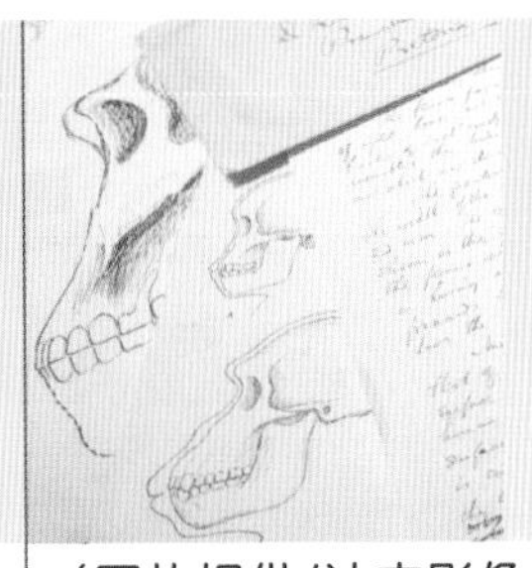

(图片提供/达志影像)

最早的人类祖先：南猿

就体质而言，人与猿最大的差别在于人以双脚直立行走，脑容量明显比猿大。然而，人类的祖先到底在何时才显出“人形”？经历漫长的搜寻与挖掘，考古学家终于在非洲找到截至目前为止最早的人类化石，拼凑出人类最早的模样。

人类祖先出现

1856年，著名的尼安德特人化石在德国尼安德特河谷的一处洞穴被发现，当时考古学家深信人类发源于欧洲或亚洲，并陆续在这两大洲发掘出许多早期人类的化石。之后随着非洲考古的展开，学者终于有了大发现。1924年，非洲的第一个人类化石在南非汤恩地区被发现，是一个“幼童”的头骨碎片，考古学家称为“汤恩幼儿”，距今约200万年。其后，更多人类化石在非洲南部各地陆续出土，年代距今约100万～300万年间，不仅为数众多，形态上也有差异。由于这些化石遗留通常不完整，甚至仅是一个小碎片或一根骨头，虽然看得出差异，但难以重塑其整体形貌。人类学家将这些化石粗略划分为体型较大的“粗壮南猿”以及较纤细的“纤细南猿”，视为目前已知最早的人类祖先的化石。

1924年解剖学家达特（1893—1988）在南非汤恩的矿石场发现昵称“汤恩幼儿”的纤细南猿头骨碎片，之后并在人科下订出新的南猿属。（图片提供/达志影像）

比较黑猩猩与各进化阶段的人类，可以发现除了渐增的脑容量，人的身体逐步朝着适合两足行走的方向进化。（绘图/吴昭季）

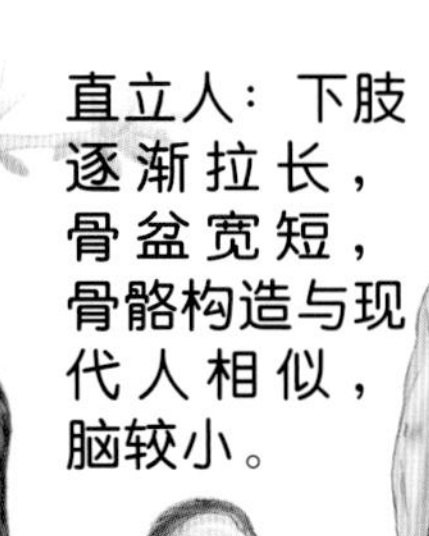

直立行走的南猿

人类学家判断两种南猿都用双脚直立行走。头骨显示，南猿有张较接近猿类的面孔，但具有许多比较接近人类体质的特征，如犬齿与门牙很小，臼齿很大，脑容量也比黑猩猩大。

一开始，考古学家普遍认为南猿的形貌和人类的差异只有头部。不过事实并非如此，就身体骨骼的特征而言，南猿或许善于以两足站立，但是脚骨有弧度，可能更适于跑步而非行走；另外，南猿的手臂比现代人粗壮。整体看来，南猿应是一种能在树上活动又可在地面上两足行走的生物。这些特征显示人类最早的祖先还没达到“人模人样”的程度，反而较接近会运用双足直立行走的猿类。

鲍氏南猿（右）推测为粗壮南猿的后代，颅骨有明显的矢状脊，从牙齿判断是以植物为食；纤细南猿则属于杂食。（图片提供/达志影像）

苏格兰古生物学家布鲁姆(1866—1951)继达特之后，陆续在南非找到不同的南猿化石，确立距今约200万年前，南非一带的南猿有粗壮与纤细两种。（图片提供/达志影像）

李奇家族

在人类考古学发展的历史上，李奇家族可谓是重要而辉煌的传奇。写下传奇第一页的路易斯·李奇(1903—1972)来自英国一个传教士家庭，他出生、成长于肯尼亚，虽然在英国接受高等教育，却独排众议深信非洲才是人类的起源地。遵循这个信念，他与同为考古学家的妻子玛丽，新婚后便前往东非进行考古挖掘。十几年后，他们终于在坦桑尼亚的奥杜韦谷地挖掘出许多关键的南猿化石与石器，那是人类进化史上重要的证据。他们的儿子理查·李奇同样热爱考古工作，并多次在非洲发掘出重要的古人类化石，包括巧人化石等，成为举足轻重的考古学家。这家人辉煌的研究成果与好运，被人类学界称为“李奇好运”。

考古学家路易斯·李奇与玛丽·李奇夫妇，检视他们在坦桑尼亚挖掘到的化石。（图片提供/达志影像）

单元6

人与猿为何分家

（阿法南猿，台湾自然科学博物馆，摄影/张君豪）

人与猿曾有一个共同的祖先，但为何朝不同方向进化？这是揭开人类进化之谜的关键。人类学家相信，人类之所以朝直立行走的方向进化，必定与当时的生存环境与生活形态密不可分。

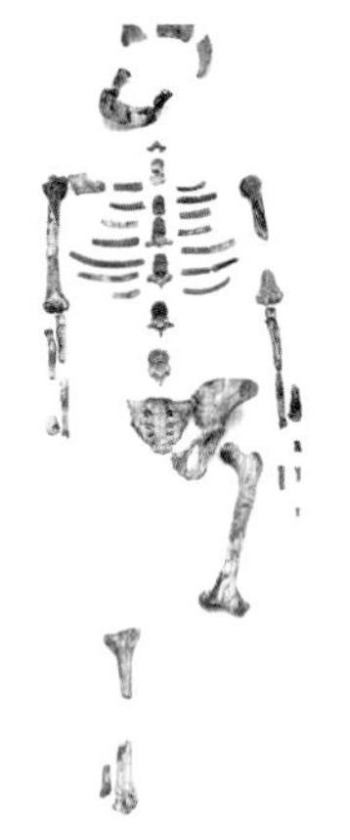

1974年，美国人类学家约翰逊在埃塞俄比亚挖掘出阿法南猿露西的骨骸化石，是距今约320万年前的人科动物。（图片提供/达志影像）

玛丽·李奇在坦桑尼亚拉多里（Laetoli）的火山灰沉积岩发现一组极可能是阿法南猿的足迹化石，可作为南猿已能直立行走的证据。（图片提供/达志影像）

从森林到草原

早期关于人类进化最盛行的一种假说认为，人类离开树，下到地面以直立行走的方式生活，主要是因为气候急剧变化，非洲森林锐减，迫使人与猿的共同祖先离开森林进入草原。为适应草原生活，他们不再爬树，开始制造工具，进化出直立行走的人类。“一种猿类动物走出森林，跨出双脚迈入草原”的影像，是早期人类学家对人类进化的描述，但是这种说法很快便遭受质疑。根据东非多处地点的土壤调查发现，在直立猿类出现的年代，非洲仍被大片森林覆盖；加上更多出土的人类化石，显示早期的人类如南猿，虽可以两足行走但仍留有树居动物的特征，这意味着他们并非生活在单纯的草原上，因此这个假说就逐渐被人类学家舍弃。

多数灵长类的生理特征有利于树栖生活，什么因素促使人类的祖先由树上移往地面生活，发展成两足行走的动物，是长期以来人类学家试图破解的谜团。（图片提供/达志影像）

东边的故事

1994年，法国人类学家科本斯针对人类进化提出一项深具影响的假说——“东边的故事”。

科本斯认为，在距今约800万年前，东非的地壳产生剧烈变化，出现大裂谷，并形成数个高达海拔9,000英尺（约2,750米）的高原。剧烈的地壳变化，改变了非洲的气候。从前由西往东长驱直入的气流受到阻碍，慢慢在西边形成潮湿的森林，而原先东边的树林则变得断断续续。这使得原本生活在此的生物，因为这一道无法跨越的鸿沟与日渐差异的环境，走向不同的进化之路。生活在西边森林的猿类成为现代猿类的始祖；住在东边较干燥环境中的猿类，就是人类的祖先。这个说法看似完美，但发表的次年，古人类学家便在大裂谷西侧1,000英里（约1,600千米）处，找到南猿骨骸，动摇了科本斯的观点，也让人类进化的假说与人类为何开始直立行走的问题，又陷入众说纷纭的局面。

法国人类学家科本斯提出东非大裂谷的出现，是促使早期人类进化的关键。（图片提供/达志影像）

水猿理论

水猿理论最早是由英国海洋生物学家阿利斯特·哈代（1896—1985）在1960年发表，是关于人类进化的一种假说。哈代与其他认同此假说者认为，人和许多水生生物一样，具有肥厚的脂肪、体表无毛等特征；再比较许多人类与水生、陆生动物身体结构、繁殖行为等特性，推论人类的祖先可能需长时间（可能长达数百万年）涉水生活，那么把身体直立起来用两足行走便显得合理，同时能解释人类所具有的各种其他灵长类生物所缺少的特征。这个假说在1992年由伊莱恩·摩根(1920—)再度提出。不过由于缺乏直接的化石证据，水猿理论迄今未被学术界接受。

为了渡河，一只大猩猩采取了直立姿态行走，猿类的骨骼结构使它能够两足行走。（图片提供/维基百科，摄影/Ayacop）

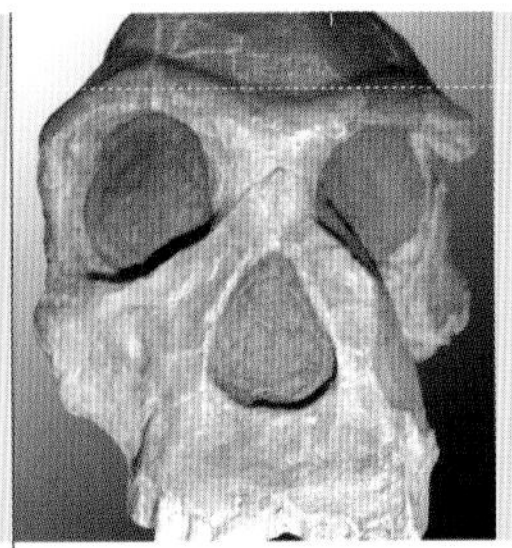

单元7

巧人的出现

（巧人头骨，图片提供/GFDL，摄影/Luna04）

在粗壮南猿与纤细南猿之后，人类的进化继续朝"人模人样"的方向进行。巧人的出现昭告着人属物种的登场，象征人类的进化至此与其他南猿（人科南猿属）分道扬镳，此后人类持续进化，南猿却逐步灭亡。

巧人的发现与命名

1959年李奇家族在非洲的奥杜韦峡谷找到一个人类头骨化石，伴随出土的还有大量石器。这个发现在人类学界投下一颗震撼弹，引发学术界对人属定义的辩论。这个头骨化石比其他南猿纤巧，更重要的是脑容量较南猿大，头骨的构造形态比南猿更接近现代人，李奇家族推测，这应是第一个人属生物，命名为"巧人"。

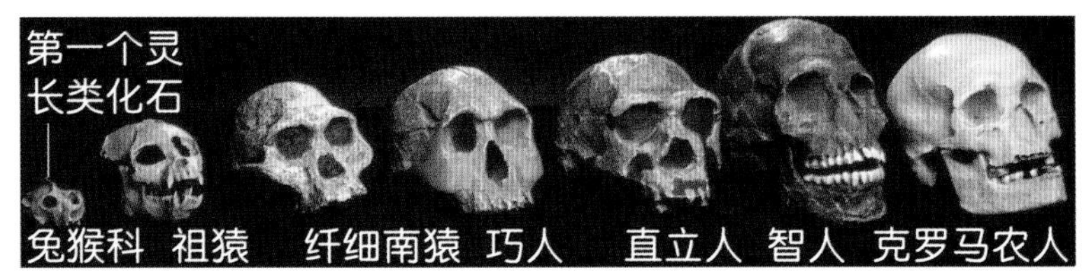

最初发现的巧人脑容量约650立方厘米，少于学术界认可的标准750立方厘米，经激烈讨论才纳入人属。图为早期人类与灵长类头骨的比较。（图片提供/达志影像）

巧人的学名意为双手灵巧的人。他的出现标志着早期人类进化的一个重要转折点：距今约200多万年前，南猿与人属分家了。一般推测，可能是纤小的纤细南猿进化成巧人，粗壮南猿则在距今约100万年前走向灭绝；不过有学者持不同见解。

巧人可能居住在非洲撒哈拉沙漠以南区域，被视为人属最早的成员。骨骼化石显示，巧人已能以双脚行走，能使用工具并且打造石器。（图片提供/达志影像）

从南猿文化到巧人文化

尽管现今的研究发现，黑猩猩也能使用简易工具，但称不上频繁，工具的种类数量也极少。相反的，考古学家在距今约250万年前的人类遗址中，便发现大量粗糙的石器。在巧人的遗址中，不只是粗糙石块，更出现仔细制作的工具。这些工具包括石斧、砍器等，甚至有骨器。人类学家认为这些工具是有目的制造出来的，并想象这些充满“人味”的猎人成群地在非洲大地游移狩猎。学者根据南猿的牙齿判断，他们应是以采集植物与猎捕小型动物为生，但向人属进化后，逐渐猎捕大型猎物，群体狩猎活动应运而生，这种需要高度智慧的活动促使脑容量逐渐变大，工具制作也益发精进。

某些人类学家甚至推论，巧人已有男女分工、家庭组织甚至社会组织等更复杂的文化。这些重要的体质与文化上的转变，使得人类自此蜕变，进化成为独特且对世界有重大影响的物种。

奥杜韦文化

“奥杜韦文化”是指广泛分布于非洲的旧石器早期文明，最早是由考古学家路易斯·李奇在东非坦桑尼亚的奥杜韦峡谷挖掘出的。这里出土的石器可以说是非洲最古老原始的，之后各地出土的各种石器，基本上都是由此衍生出来的。奥杜韦文化距今约250万年，伴随石器出土的还有巧人的骨骸，所使用的石材依岩石学家判断是从40英里（约64千米）远的地方取来，因此肯定是人为制品。在奥杜韦文化层当中，还发现一些动物骨骸，其中部分被敲碎。学者根据出土的生活遗址与化石推断，奥杜韦文化的主人以植物为主食，偶尔猎取大型动物并敲碎骨头吸食骨髓。

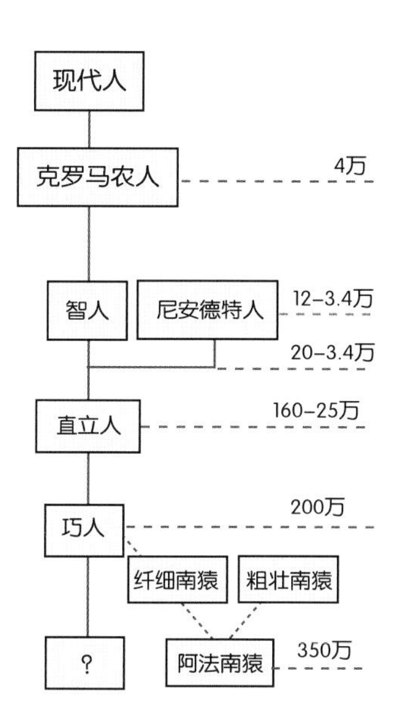

人类的进化表
（时间：距今年代）

初期的石器以砍砸器居多，约拳头大，用以敲击骨头取得骨髓食用。刃口虽粗糙，有些已能划破动物皮。（台湾自然科学博物馆，摄影/张君豪）

巧人以敲击方式制作石器，可能是利用另一块石头敲击要制成工具的石头，敲下的薄石片可当石刀使用。（绘图/穆雅卿）

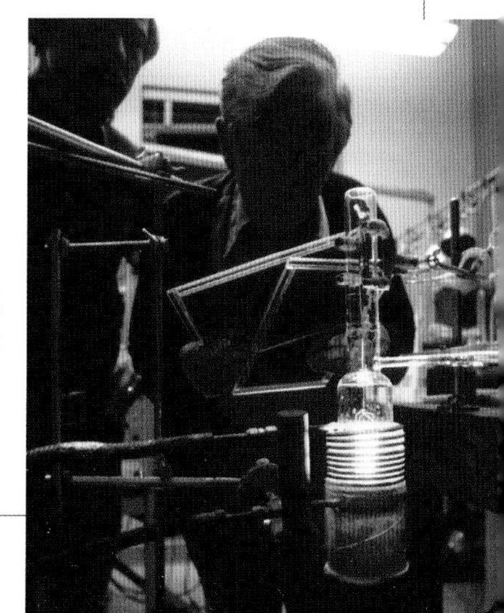
奥杜韦峡谷的地层是火山灰累积形成，因此当初以钾氩定年法（依岩石内放射性氩与放射性钾的比值，测定年代）判定出土物年代。（图片提供/达志影像）

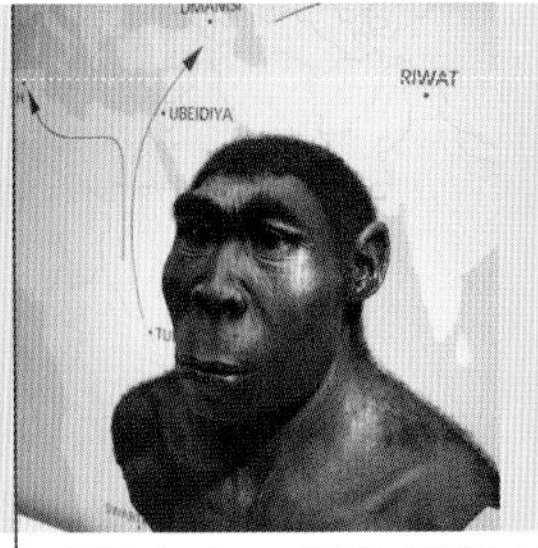

单元8

直立人登场

(直立人，图片提供/GFDL，摄影/Lillyundfreya)

人类是唯一分布世界各地的生物，不过人类的迁移应是直立人出现之后才开始的。根据目前的考古发现，在直立人之前人类早期的进化都只发生在非洲。距今约100多万年前，人类才迈开脚步跨出非洲。

直立人的化石在非洲、亚洲、欧洲都有出土，考古学家依此推测可能的迁移扩散路线。（绘图/施佳芬）

体质特征

“直立人”一词常让人误解人类的祖先是从这时才开始直立行走，其实不然。巧人乃至更早的南猿都具备这项能力，只是直立人化石发现的时间最早、定名最早。直立人约出现在距今160万年前，体型与脑容量都明显比早期的巧人大。

直立人的头盖骨低而深，有着低斜的额头，眉毛部位突出，宽鼻且下颚粗壮。（图片提供/达志影像）

直立人的身体特征与现代人极相似，骨骼形态则略显厚重。直立人的脑容量在早期约是750立方厘米，到了晚期，脑容量已达到1,000立方厘米，与现代人的直接祖先智人相当接近。不过，直立人的头部外形与现代人差距很大，基本上较接近早期人类祖先巧人的样貌，有着低斜的额头、粗大的眉上脊以及下颚。

直立人的文化

直立人与粗壮南猿存在的时间有部分重叠，但大约在120万年前粗壮南猿灭绝，而直立人继续进化成为人类进化舞台上唯一的主角。根据出土的文化遗迹来看，直立人已懂得简单的建筑方法，有较固定的居住地，狩猎与采集仍是重要的生计来源。许多遗址中都发现有兽骨遗迹，甚至有围捕猎杀大群动物的狩猎遗址出土。在使用工具上，直立人显得更进步且多样，使用骨头、木头和石头制造工具、器具，虽然技巧上较精良，不过石器的形态没多大进展，与奥杜韦文化（巧人时期开始）发现的差不多。

值得注意的是，考古学家根据多处直立人遗址发现的烧灼遗迹推断，直立人已懂得以火取暖、驱赶猛兽并食用熟食。火的使用不仅改变直立人的饮食习惯，带来的温暖与攻击作用，使得家庭形态与狩猎文化因此产生了变化。

在北京人遗址中发现的碎碳与烧过的骨头等用火遗迹，证实直立人已懂得用火。（图片提供/达志影像）

中国的直立人遗迹

位于北京周口店的北京人遗址，是中国最早出现的古人类遗址。北京人发掘的缘由十分偶然，最早是一位德国古脊椎动物学家在一箱由中国带回的中药材龙骨中，意外发现史前人类的牙齿化石，而引发研究者的兴趣。随后在美国资助下，外国学者与中国地质调查所展开大规模挖掘。1929年，第一个北京人头盖骨出土，此后直到1937年间，更多部位的化石陆续出土，据统计大约分属40个男女，其中有老有少，同时伴随大量石器出土。根据推断，北京人的平均脑容量为1,059立方厘米；群居生活，以采集与狩猎为生；已懂得制造工具与用火。遗憾的是随着中日战争爆发，为避免最重要的5个头盖骨化石落入日本人手中，中美双方计划将化石转运美国，却不幸中途遗失，至今下落不明。

由化石推算，北京人身高约为157厘米。以采集和狩猎为生。（台湾自然科学博物馆，摄影/张君豪）

直立人应是最早懂得用火的人类，他们或许从雷击等自然现象中取得火，或许是不经意间敲击石头时取得。他们杂食，能使用石器切割兽肉与兽皮。（图片提供/达志影像）

（尼安德特人制作工具，图片提供/GFDL，Nascigl）

单元9

早期智人的样貌与文化

智人约出现在距今3.4万到20万年间，其形态与直立人有明显差异，被视为现代人的直接祖先。智人在拉丁文中的意思即为真人、现代人种。智人是一种统称，初出现的时期，世界上同时有几种智人并存。早期与晚期智人间的差异也很大。究竟哪种智人成为现代人的祖先，曾引起激烈讨论。

尼安德特人的墓中放入石器、兽骨等陪葬品，以及仔细安排死者在墓中的姿势，透露出可能对死后世界有所想象。（图片提供/维基百科）

早期智人的样貌

世界各地区都有智人遗迹出土，彼此虽存在某些差异，但都具备两项特征：一是比直立人更大的脑容量，二是身材更为粗壮。著名的尼安德特人便属于早期智人的一支。由于尼安德特人出土的遗迹与化石数量相当多，不仅分布的地区广、环境差异大，出土的时间也很长，因此人类学家得以由其生活状态重建智人的生活环境与文化。典型的尼安德特人脑容量与现代人差不多，但面孔仍酷似猿类；平均身高约163厘米，四肢粗短，骨骼粗壮，全身布满强而有力的肌肉。

尼安德特人（右）脑容量近似现代智人（左），面孔酷似猿：粗下颚、脸部外凸、眉脊粗大。（图片提供/达志影像）

早期智人的生活环境与文化

根据出现尼安德特人化石的地层分析得知，他们生存的时期正是更新世最后一次冰河时期。此时地球上多数地区的气候都十分寒冷，因此尼安德特人必定具有足够抵御寒冷的厚壮体质，甚至会制作御寒衣物。火的使用更是成为日常生活不可缺的部分，石器的制作与使用延续直立人时期的传统，但某些文化（例如莫斯特）已有显著进步。在遗迹

尼安德特人约始于距今12万年前，较密集生存在距今7万年前，分布区域从西欧、中东，直到中亚乌兹别克斯坦。图为德国尼安德特人类学博物馆一景。（图片提供/达志影像）

中最特别的是，首次发现埋葬的习俗，有些遗迹甚至有疑似宗教仪式的残留。墓葬文化的出现，显示尼安德特人也许已具备社会和宗教的意识。从骨骼的分析上，也发现尼安德特人的平均寿命不长，很少超过45岁。但是从一些具有伤病痕迹的骨头判断，他们已懂得照顾老弱伤残。总体来说，早期智人应已具有现代人类的某些文化内涵了。

动手做石器

在人类进化的漫长历程中，懂得从自然中取材制造与使用工具，绝对是关键性的一步。和我们一起动动手，体会老祖宗是怎么将随处可见的石头和树枝组合成好用的石器吧！材料:Y字形树枝、石头、棉线。注意，石头的大小要恰好可放置在Y字形树枝的开口。（制作/杨雅婷）

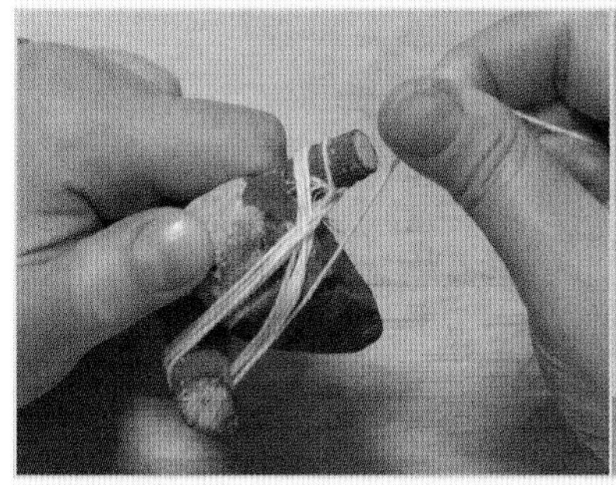
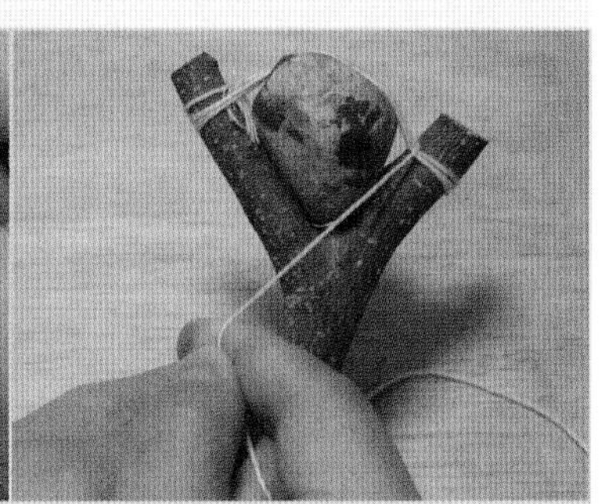

1.先将棉线固定于树枝一端，以8字形走法来回4圈，缠绕住石头。
2.将棉线往回拉，如图所示。

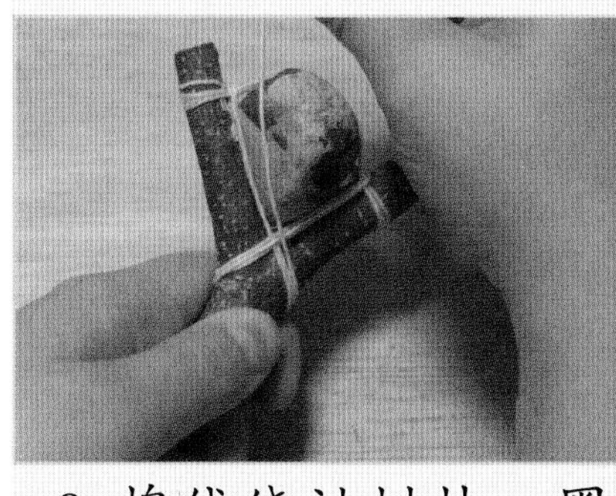
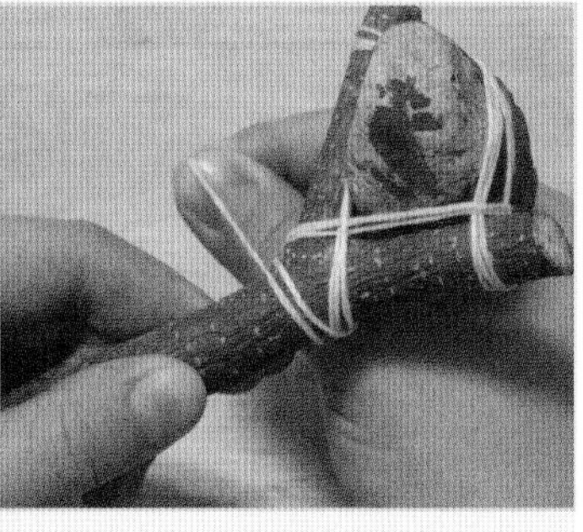

3.棉线绕过树枝一圈，再以同样8字形走法来回4圈，将石头绑牢。
4.将剩余的棉线卷绕在树枝上，你的石器完成啰！

注意！石器有危险，不可对着人使用。

莫斯特文化

莫斯特文化是欧洲旧石器时代中期的文化，最早在法国莫斯特的一个洞穴中发现。盛行的年代大约距今3万到10万年间，属于尼安德特人的文化遗迹。莫斯特文化的石器制作出现重大变革，已能使用特殊骨器或尖的工具制作石器。成品不仅精致，晚期甚至出现带有把柄的工具。莫斯特文化出土了许多动物骨骸，说明他们仍是以狩猎为生的生活形态，而贝壳的出土则显示已懂得利用水中资源。

莫斯特文化在石器制作上，会先逐片剥下或以骨器敲下石块脆弱的部分，再慢慢磨成适用工具。（绘图/穆雅卿）

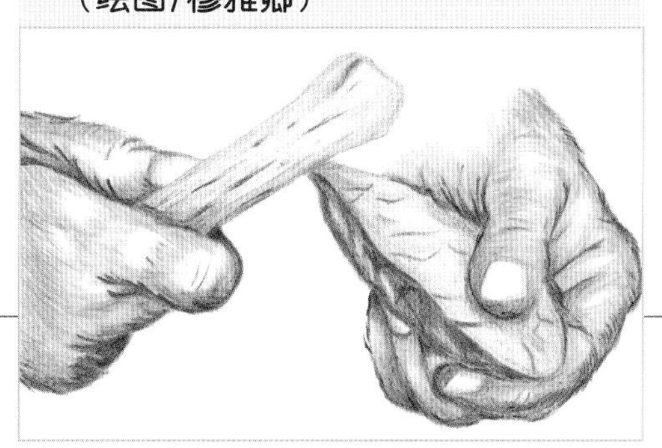

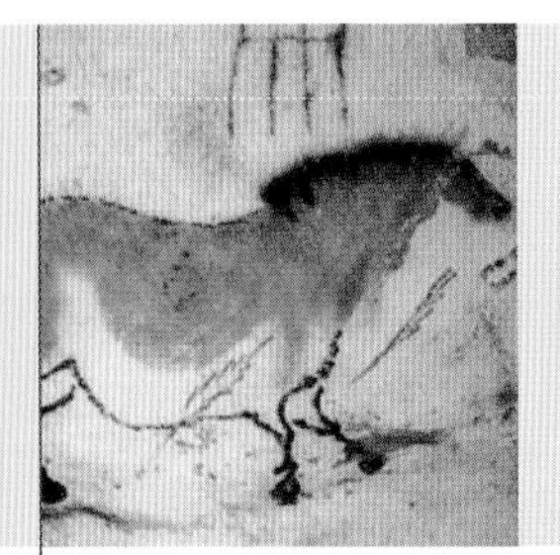

(岩画，图片提供/维基百科)

单元10

现代智人的诞生

在现代智人正式出现前，世界的人种大约可区分为3类：遍布欧洲到中亚一带的尼安德特人；生活在非洲，形态近似现代智人的人种；体质形态与前两者不同，仅有零星发现的东亚人。这些人种在距今约6万年前，发生剧烈变化，不仅体质，就连文化发展也出现极快速的跃进。

 从尼安德特人到现代智人

尼安德特人与现代智人间究竟有何关系？这个问题长久以来困扰着研究者。曾有学者主张，现代智人是由尼安德特人直接进化而来。但化石却显示当现代智人出现时，尼安德特人曾同时并存。现在多数学者主张，尼安德特人是人类进化的一个旁支。约在3万年前，尼安德特人逐渐被一个新族群取代，终至消失。这个取代模式在中东地区则约在6万年前就已开始。至于旧有人种为何全面消失，学者提出了几种假设：一般认为强势的现代智人族群，可能驱赶、屠杀旧有人种的族群；也可能是其带来的疾病与文化优势，导致旧族群的全面灭亡。

距今约3万年前，取代旧有人种的新族群，样貌与现代人几乎相同，应为现代人的直接祖先。他们发展出新的石器制作技术以及更进步的渔猎、农耕技术，人类进入新石器时期。（图片提供/达志影像）

克罗马农人遗迹（乌克兰出土）的兽骨制器物，其中包含刻有图纹的骨头、骨针等。（图片提供/达志影像）

 现代智人的文化

目前发现最早的现代智人称为“克罗马农人”，于1868年首次在法国西南的克罗马农挖掘出来。文化遗址中，发现了种类甚多且精良的工具，不仅制作技巧大幅进

步，也有制式工具出现。各种工具都有明确用途，如骨针、鱼钩及绳索等，显示当时不仅狩猎技术突飞猛进，渔捞技术也很发达。此外，许多原本杳无人迹的地区，如澳大利亚、俄罗斯北部、西伯利亚等地也陆续出现其活动痕迹，意味着他们能克服气候，适应各种环境，并具有航海技术。现代智人另一样更重要的发展，是艺术的出现。许多古老的岩画，记录当时人类的生活形态与动植物样貌。从此刻起，人类的文化像突然被按下一个启动键，快速运转起来。

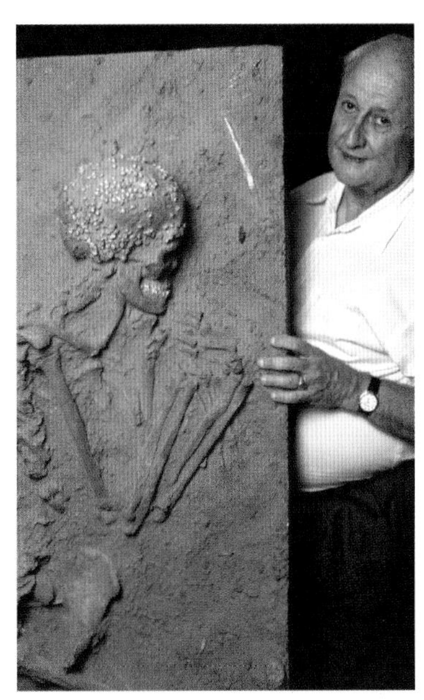

戴着小帽的克罗马农人骨骼化石，其头颅颇大，相貌应与现代欧洲人相近。他们在艺术、工艺上都有优异的表现。（图片提供/达志影像）

佛罗勒斯人身材矮小，被昵称为“哈比人”。其脑容量与黑猩猩相近，然而文化已发展到一定程度。（图片提供/达志影像）

谜一样的佛罗勒斯人

2003年，澳大利亚的研究团队在印尼爪哇岛东方的佛罗勒斯小岛上的一处洞穴中挖掘出7具人类骨骸，平均身高约1米，脑容量仅380立方厘米，其生存年代约距今1.3万至9.5万年间，部分与现代智人重叠。他们的出土，打乱了学术界既有的人类进化架构。首先，佛罗勒斯人在体质上具备南猿、直立人与现代智人的特征，脑容量的演变更与先前由小到大的历程不一致。文化上，其石器制作有许多类似现代智人的技术，也懂得用火。过去认为，距今3万年前尼安德特人消失后，这世界的人种便仅剩下现代智人，佛罗勒斯人的出现使学者必须重新审视先前的架构。

佛罗勒斯人挖掘现场，针对其特殊性，推测应是封闭进化所造成，其灭亡可能与突发性的灾难，如火山爆发有关。因出土资料少，目前仍有待更进一步挖掘研究。（图片提供/达志影像）

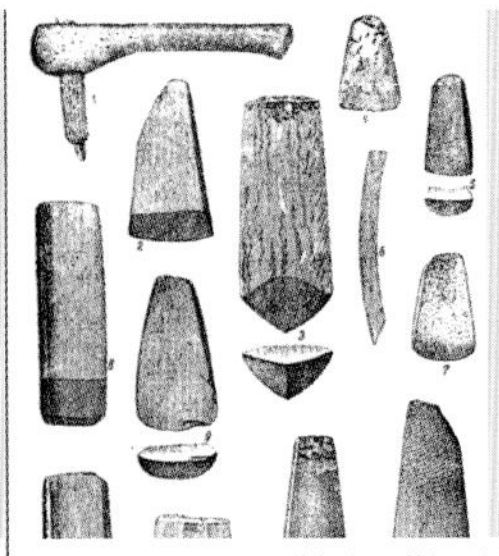

(石器，图片提供/维基百科)

单元11

迈向现代人之路

当直立人从非洲移向世界各地，接着各大洲都有智人活动。到了3.5万年前，现代人在各地纷纷登场。从直立人到现代人，其间的进化过程究竟如何？至今还没有结论。

多地区进化模式

主张多地区进化模式的学者认为，直立人虽在各地各自进化，但都朝着智人方向进化，最后成为现代人。支持者解释，这就像是在水中投入一把石子会产生无数涟漪，涟漪会有互相碰撞的机会，因此各地出土的文化遗址与化石虽有差异，实际都具有相同特质。由于出土的早期智人化石，以尼安德特人最多，有学者提出他们应是现代人的共同祖先。20世纪80年代出土的一批生存年代重叠但具现代人特征的化石推翻此想法。但支持者仍相信这个模式可以成立。例如，现代中国人的脸型、上门牙内侧的铲形特征等，都与距今25万～50万年前的北京人化石一致，因此是在中国地区自己进化出来的。

北京人属旧石器时代初期的人类，是否一路发展成现代人种或被非洲的现代智人取代，至今学术界仍有争论。（图片提供/达志影像）

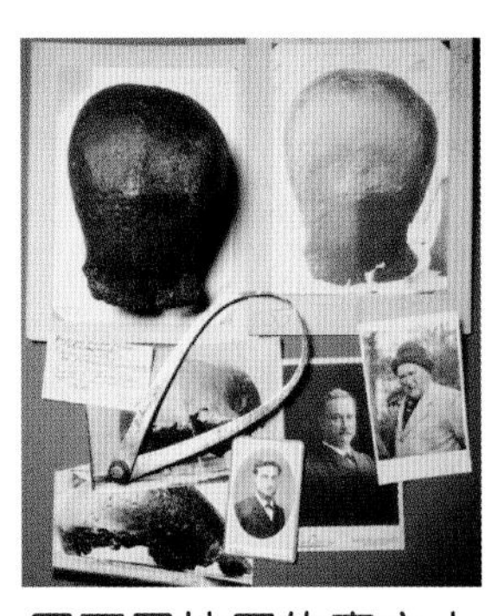

因不同地区的直立人存在解剖学上的差异，有些学者推论直立人应不只一种。1891年荷兰的杜博斯在印尼挖掘的爪哇人（头盖骨），属直立人。（图片提供/达志影像）

替代理论模式

替代理论模式主张现代人都来自非洲，也就是现代人是从单一地区进化后，再迁移到世界各角落并取代当时各地的前代人类。据推测这个地区极可能在撒哈拉沙漠以南。

目前替代理论获得较广泛的支持。就基因遗传来看，若人类的进化以多地区进化模式进行，经过漫长的单独进化后，现代人彼此的差异不可能那么小，同时各种族应各自具有很深的遗传根基。但依据美国生化学家威尔森的研究，现代人的线粒体DNA可追溯到距今约15万年前，某位非洲女性（昵称线粒体夏娃）身上。出土的化石与石器形制的演变同样支持替代理论模式。然而这个假说也受到类似北京人进化的反驳。

近年在欧洲乔治亚出土的乔治亚人（Homo georgicus）。推定生存年代约180万年前，可能是巧人后裔、亚洲直立人的祖先。（图片提供/达志影像）

西班牙北部阿特普尔卡洞穴遗址出土的前人（Homo antecessor）想象图。学者推测尼安德特人可能是由前人、海德堡人进化而来。（图片提供/达志影像）

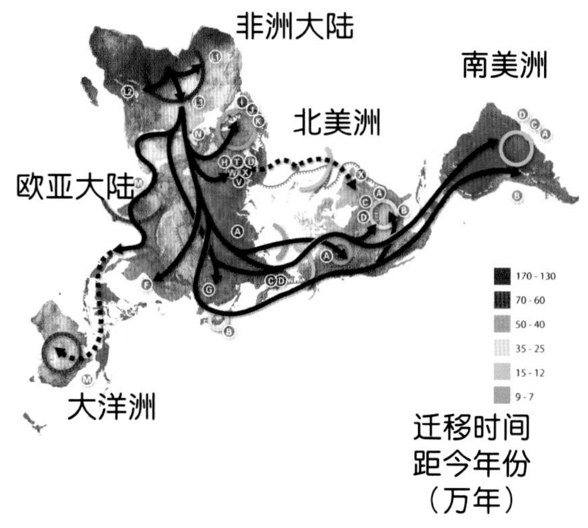

依据线粒体DNA研究，推测人类由非洲扩散至世界的路线。到达的先后时间大致是非洲、欧亚大陆（含大洋洲）、北美洲、南美洲。字母代表不同的线粒体DNA单倍群。（图片提供/GFDL）

线粒体夏娃假说

现代人究竟来自哪里？研究者提出“线粒体夏娃假说”，利用DNA遗传因子分析，追踪人类与早期人类的关系，结果显示现代人确实起源非洲。研究分析采样了10万个来自各洲现代人的线粒体DNA，发现目前世界各地的人种，彼此的DNA样式非常相似，意味全球人类彼此间可能有个共同的起源——一位非洲女性，学者称为“线粒体夏娃”。研究者同时发现这些DNA全都源于近代，没有任何古代DNA的粒子存在。这意味现代人在迁移的过程中，没有与过去旧人类通婚，而是完全取代他们。

哺乳类动物的线粒体DNA仅遗传自母亲，因此科学家能依此追溯母系的族谱。（图片提供/GFDL，MesserWoland）

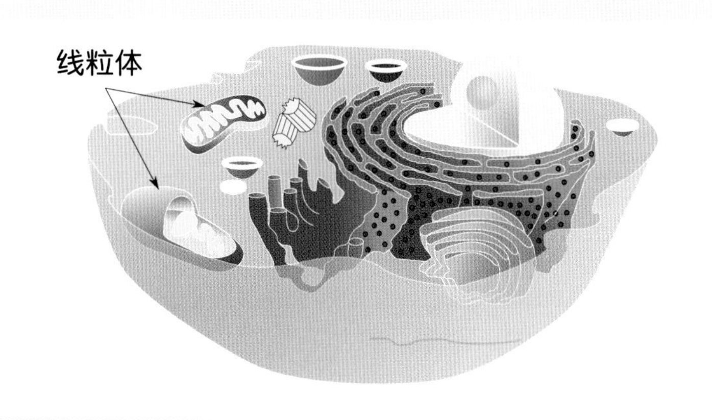

单元12

从混沌到文明

（新石器时代生活想象图，台湾自然科学博物馆，摄影/张君豪）

在探讨史前人类进化的历程中，有个现象一直困扰着学者，那就是人类文化为何在现代智人出现后快速跃进，人类的思想与意识又是如何产生。目前研究人类的学者大多同意，“语言”很可能就是促使人类从混沌走向文明的枢纽。

语言的进化

人类的语言与其他动物的呼叫不同，复杂且具有独特法则。虽然针对非洲某种绿猴的研究发现，其鸣叫具有特殊意义，是有意识地使用而非生理反应，但这种非洲绿猴叫声类别非常少，也无法使用完整句子。学者认为，早期人类的语言可能与绿猴相同，无法发出多元的语音。研究早期人类发声组织形态的学者发现，南猿的发声器官仅能发出有限且模糊的声音。到了直立人阶段，发音器官开始改变，形态约与现代6岁孩童相当，可发出多元的声音。现代语言极可能在现代智人出现后，才完全进化。

中国广西大岩遗址的部分新石器时代器物（约5,000～15,000年前）。史前人类工艺技术在造型、功能上的突飞猛进，很可能与语言的进步有关。（图片提供/达志影像）

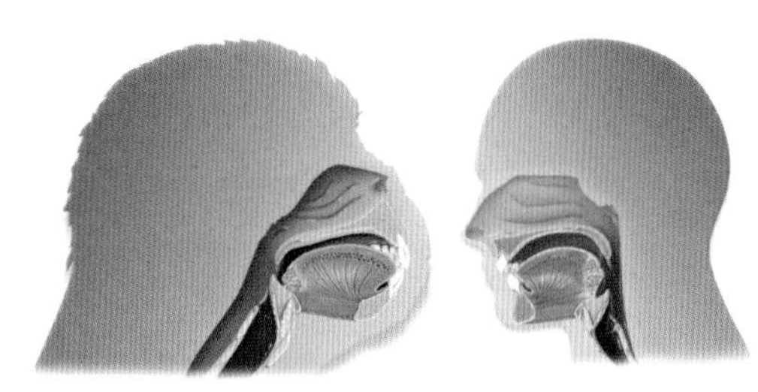

语言的发生牵涉到发音重要部位如喉头、声带等的发达程度。比较黑猩猩与人，前者喉头位置高，限制发音范围，后者相对较低，可发出更广音域。（图片提供/达志影像）

左图：猿猴的呼叫具有沟通作用，可发出约12种不连续音（音素），是人类的1/4。图为非洲绿猴。（图片提供/GFDL，摄影/Whit Welles）

语言与文化发展

从石器发展的研究中，也许能找出语言促使人类文化快速推展的蛛丝马迹。早期石器文化所出土的器物，仅是粗糙打制而成，没有固定形制。慢慢的在较晚期的石器文化中，石器的形制和功用开始固定下来，到了尼安德特人已懂得先备妥工具再制造石器。现代智人出现后，制造石器的技术变得更多样。越复杂的制作过程，越需要沟通与经验的传承，如果没有细致的语言是无法达成的。

借着语言，人类可以进行更有效率的群体活动，例如组织猎团猎捕大型动物。语言的沟通还能让人类趋吉避凶，增加生存的机会。更重要的是，根据现代语言学与心理学的研究，语言的使用能促成自我反省的意识，学者因此认为语言是促使人类心灵发展的重要媒介，也促使艺术这种精神层面的文化出现。

现代智人出现后，文明快速发展。距今约8,000年，中国新石器时代早期的裴李岗文化已懂得制作陶器，过着农耕生活。（图片提供/达志影像）

法国拉斯科岩画距今约17,000年，推测是克罗马农人遗迹。岩画使用混合黏土、矿物与脂肪的颜料，以吹、抹等方式创作，是高度智慧的成果。（图片提供/达志影像）

史前艺术

现代智人的文化发展中，最为人赞叹的就是艺术的出现。现今已知最早的史前岩画，存在年代约距今1万多年前，正是现代智人生活的年代。史前艺术中最知名的就属法国拉斯科洞窟的岩画，其数量之多、形体之大、艳丽的用色与纯熟的技法都让人叹为观止。其他如西班牙阿尔特米拉岩画，技法也相当纯熟，因此刚发现时被认为是现代艺术家的伪作，直到更多类似的岩洞发掘后，才获得承认。除了岩画，这些史前的文化遗址中也发现一些浮雕、项链、陶土像等饰品。研究者认为它们除具备装饰性的用途外，很可能与早期的信仰活动有密切关系。

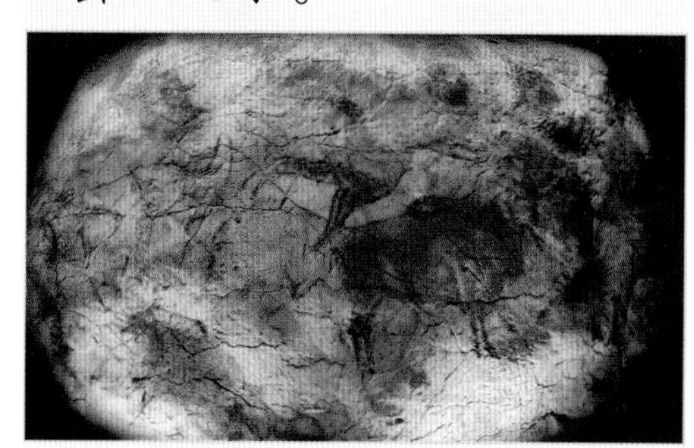

西班牙阿尔特米拉洞窟内发现的岩画，距今约12,000年，属于旧石器时代晚期，内容有野牛等。（图片提供/维基百科）

单元13

现代人的进化

（达尔文观察动物求偶行为，提出性择对进化的影响。图片提供/维基百科）

现代智人出现后，世界多数地区已有外形与现代人很相似的人类。然而，黄种人、白种人与黑种人在肤色和体格等方面仍有差异。甚至同为黄种人的东亚各民族，外貌也不尽相同。为什么现代人种会有这样多元的变异？

天择说

和所有生物一样，人类也受环境影响，会在体质上产生变化。例如西藏人为适应高山稀薄的空气，拥有圆形或椭圆形的大胸腔，以便吸入更多空气。人体内的遗传因子也有天择的痕迹。最著名的例子就是西非的族群中，多数人具有镰刀形细胞基因。这是因为当父母都拥有这项基因，子女虽有1/4的几率可能罹患致命的贫血症，但若双亲仅一方具有该基因，子女就不会有贫血症，而且对当地盛行的疟疾有较高抵抗力。天择的影响符合“适者生存”原则，在特殊环境中，只有能适应环境的体质才能生存，从而逐渐进化出区域间的差异。

由于生活在空气稀薄地区，久而久之便进化出圆或椭圆的大胸腔，图为西藏人。南美安第斯山脉的印第安人也有相同体质特征。（图片提供/达志影像）

性择说

“天择说”虽能用来解释大部分的人种变异现象，但对肤色和眼珠颜色的差异等现象，却无法提出有力解释。有学者认为肤色的差异是由于日照而导致：越接近赤道的人种，皮肤越黑，反之则越白。但这说法并不完全符合事实，例如太平洋的所罗门群岛，各

由于长期适应环境与性择的结果，世界上各人种逐渐发展出不同的体质特征。（图片提供/达志影像）

岛区日照差异不大，各村落原住民的肤色却深浅有别。学者提出造成这种变异的关键是“性择”。

早在1871年，达尔文出版的《人类的由来及性选择》便提出以人类偏好来解释各人种的起源。他注意到不同族群对异性自有一套审美观，倾向选择符合审美观的人作为伴侣。性择造成的差异多半不直接影响生存，仅限于吸引异性和符合美感的部分。因此我们可以说，天择造成了适应环境的体质差异，性择决定了某些无关生存的体质进化，两种机制共同塑造出现今人种的多元样貌。

人类眼睛虹膜的颜色基本上有3种：褐、蓝、绿，其中褐色最常见。世界约有8%的人口有蓝色虹膜，北欧人蓝眼睛的比率最高。眼睛的颜色属性择结果。（图片提供/达志影像）

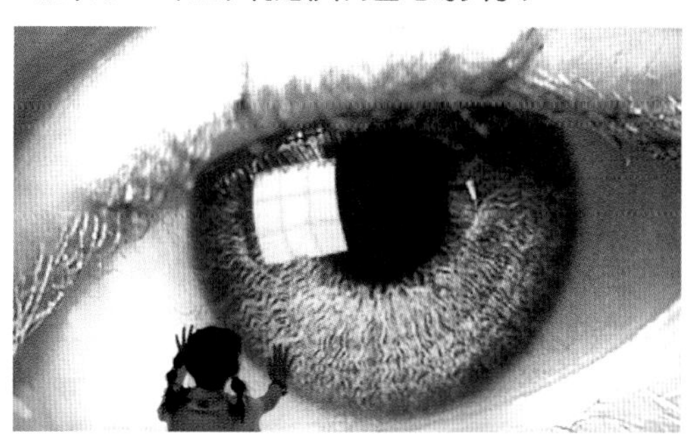

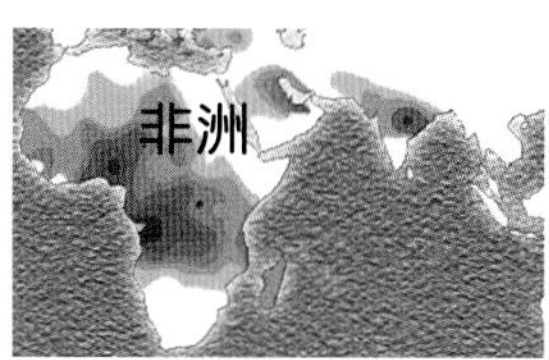

上：镰刀形细胞疾病的分布（紫色），学者相信因携带单个镰刀形细胞基因能降低疟疾罹患率而产生此结果。（图片提供/GFDL，Muntuwandi）

下：镰刀形细胞疾病将导致红血球细胞变形，无法携带氧气。（图片提供/达志影像）

人种的划分

在研究人类的分支时，研究者依据人的肤色、发色、面部骨骼结构等外在因素，以及基因、自我认同等标准，将人划分为几个不同人种。过去，最简单的分类是以某几样显著的外在特征，将世界人种粗略区分为尼格罗人种（黑种人）、蒙古人种（黄种人）、高加索人种（白种人）等。不过，这种以体质形态或遗传特征划分人群的方式，容易遭到滥用，又缺乏科学分类的正确性。目前研究者对人种的划分多有避讳，甚至有研究者宣称“种族”本身是无意义的概念。

1932年的一本书刊将下图各种族纳入高加索人种，特征为淡色皮肤与多变的发色等。但是此说法常出现歧见。（图片提供/维基百科）

北欧

第拿里

地中海

阿尔卑斯

东波罗的海

突厥

柏柏

阿富汗

单元14

人类进化的未来

（图片提供/维基百科，ycanada_news）

人类的进化在进入现代之后，体质上持续改变，进化速度越来越快，可达远古的百倍以上。造成快速进化的原因，除居住环境的多样性，还包括人口激增和饮食改变等因素，而主宰未来进化最重要的两个机制，可能是生态与科技。

生态环境仍具影响力

漫长的进化历程中，人类和所有生物一样，在特定环境中只有发展出适合生存的体质，才能顺利繁衍。随着科技发展，人类曾自认为拥有改变环境的能力，地球的生态环境因此被迅速破坏。

古生物学家发现，当人类扩张到各大洲，许多原有物种便以极快速度消失，或面临灭绝危机。科技愈进步，对整体环境的破坏愈剧烈，最迫切的问题已经产生：生态系统面临崩溃，全球气候变暖已到了人类无法不正视的地步。人类试图以新技术控制环境，实际上环境仍主宰人类的命运。已遭破坏的生态，会促使人类发展出新的适应基因，还是人类将如同其他生物一般走向灭绝？目前仍属未知。

移山填海在现今科技条件下并非不可能。迪拜棕榈群岛的兴建，即见证了人们改变环境的能力。（图片提供/NASA）

未来人类会往哪个方向进化？科幻文学或电影提供人们各种想象。今日人类对环境所造成的影响，无论好坏都会一定程度左右我们未来进化的方向。（图片提供/达志影像）

科技进步的隐忧

“一颗大脑袋，瘦弱的四肢”是人们对未来人类的想象。大脑袋是根据人类进化历史所得到的结论，文化愈复杂的人，脑容量愈大。未来的人很可能由于科技进步，四肢不用劳动而萎缩瘦弱。人类真会朝这方向进化吗？这样的想象似乎过于简单。无可否认，科技的发达深深影响人的生活，生活形态的改变也将造成体质变异。不过进步的科技带来了最大的隐忧：人类是否会因某一突发状况，导致全面性的毁灭？目前最让人担忧的是核武器与生化武器的使用。此外，基因复制科技的出现，使复制人成为可能，但结果是福是祸仍无法预料。人类进化的未来充满不可知的变数。看似安全的世界，实际充满危机，一不小心人类便可能将自己与其他生物带向灭绝。该如何避免？是每个人都需要深思的问题。

人类对雨林的破坏导致许多物种濒危。图为抢救小组成员在印尼一处雨林抢救红毛猩猩。（图片提供/达志影像）

基因复制对人类进化的影响

基因复制工程简单地说是一种人工的无性繁殖，是将个体的细胞核放入卵子，以取代卵子里的细胞核，之后植入子宫，以产生与该个体基因完全相同的新个体。科学家期望有朝一日这项技术能应用来复制人类。从好的一面看，这项技术一旦纯熟对人体器官移植、不孕或遗传疾病的避免等，能提供有效积极的改善。但这种违反自然的科技，正引发伦理道德上的争辩。即便复制人可带来许多利益，但对人类进化可能造成的影响，以及因此而衍生的社会问题甚至灾难，却是无法预期的。

基因复制工程对人类未来可能造成的各种影响不可小觑。相关领域的科学家与大众都需对此深思，且谨慎对待。（图片提供/达志影像）

想象中未来人类的模样。大脑袋、细瘦的四肢，似乎和科幻小说中的外星人相去不远。（图片提供/达志影像）

英语关键词

人类学 anthropology

考古学 archaeology

古生物学 paleontology

地层学 stratigraphy

分类学 taxonomy

进化 evolution

突变 mutation

天择 natural selection

性择 sexual selection

基因 gene

脱氧核糖核酸 DNA

镰刀形细胞 sickle cell

树居/林栖 arboreal

两足行走的 bipedal

物种 species

灵长类 primate

猿类 ape

拉玛古猿 Ramapithecus

南猿 Australopithecine

阿法南猿 Australopithecus afarensis

露西 Lucy

非洲南猿/纤细南猿 Australopithecus africanus

汤恩幼儿 Taung Child

粗壮南猿 Australopithecus robustus

狒狒 baboon

矮黑猩猩 bonobo

黑猩猩 chimpanzee

大猩猩 gorilla

人科 hominid

属 genus

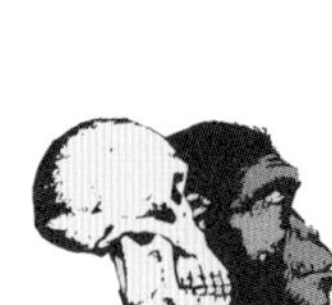

巧人 Homo habilis

智人 Homo sapiens

直立人 Homo erectus

早期智人 Archaic homo sapiens

尼安德特人 Neanderthal

克罗马农人 Cro-Magnon

冰河期 ice age

史前史 prehistory

文化进化 culture evolution

新石器时代 Neolithic age

旧石器时代 Paleolithic age

莫斯特文化 Mousterian

奥杜韦文化 Oldowan

化石 fossil

碳14测年法 Carbon 14 Dating

地表调查 surface survey

发掘 excavation

发现 finds

遗存 remains

遗址 site

人工制品 artifact

自然遗物 ecofact

抢救考古 salvage archaeology

连锁进化假说 Linked-evolution hypothesis

东边的故事 East side story

多地区进化假说 Multiregional-evolution hypothesis

出埃及记假说 Out of Africa model

线粒体夏娃假说 Mitochondria Eve hypothesis

水猿 The Aquatic Ape

东非大裂谷 Great Rift Valley

拉斯科洞窟 Cave of Lascaux

阿尔特米拉洞窟 Cave of Altamira

新视野学习单

1 是非题，下列关于人类起源的想象或理论的描述，对的打○，错的打×。

（　）中世纪欧洲“存在巨链”称，人类是上帝与天使之下地位最高的物种。

（　）北欧神话中，人类是天神以木头刻出并赋予生命的。

（　）法国生物学家拉马克主张人类的始祖可能是一种猿类。

（　）达尔文认为人类的起源地很可能是在欧洲。

（答案在06—07页）

2 关于探讨人类进化的学问，下列哪些叙述正确？（多选）

1.考古学的起源很早，古希腊文献中已经提及。

2.考古发掘是无法重复的实验，因此考古学者必须很谨慎。

3.考古学需要与地质学、人类学、孢粉学等学科互相配合。

4.碳14测年法是利用生物遗存中残留的碳14测定年代。

5.考古学充满了想象力与运气，挖掘地点往往随意挑选。

（答案在10—11页）

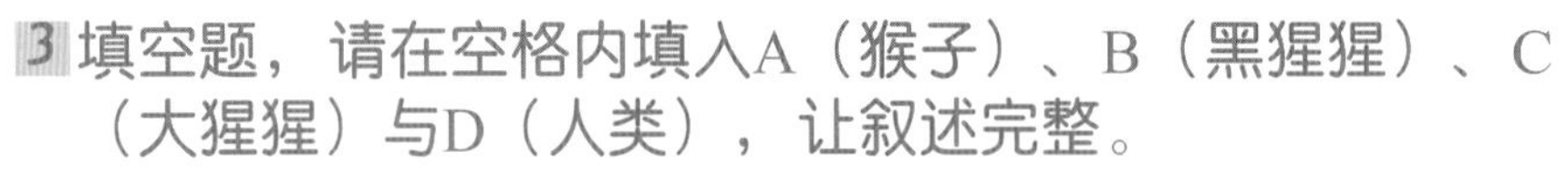

3 填空题，请在空格内填入A（猴子）、B（黑猩猩）、C（大猩猩）与D（人类），让叙述完整。

1.分类学上属哺乳动物纲、灵长目的有______、______、______、______。

2.______与人类在基因上非常接近，基因组差距仅1.23%。

3.______的身体构造适合四肢着地的方式活动，猿类的______、______则可以直立的方式活动。

（答案在12—13页）

4 下列关于非洲考古发现的叙述，哪些正确？（多选）

1.1924年发现的汤恩幼儿，是非洲首度发现的人类化石。

2.李奇家族在非洲多次挖掘到重要的古人类化石。

3.粗壮南猿与纤细南猿都在南非出土。

4.由于迄今出土的化石证据都支持“东边的故事”理论，因此目前广为学界接受。

（答案在14—17页）

5 请依下列“史前人类”出现的时间，依序填上数字。

（　）尼安德特人　（　）克罗马农人　（　）巧人

（　）直立人　（　）纤细南猿

（答案在19页）

6 是非题，下列关于巧人与直立人的叙述，对的打○，错的打×。

（ ）巧人是目前出土最早的人属动物。
（ ）巧人的学名意思是双手灵巧的人，直立人则是最早直立行走的人类。
（ ）第一个巧人化石是李奇家族在奥杜韦峡谷发现的。
（ ）人类应是在直立人时才开始迁移到世界各地。

（答案在18—21页）

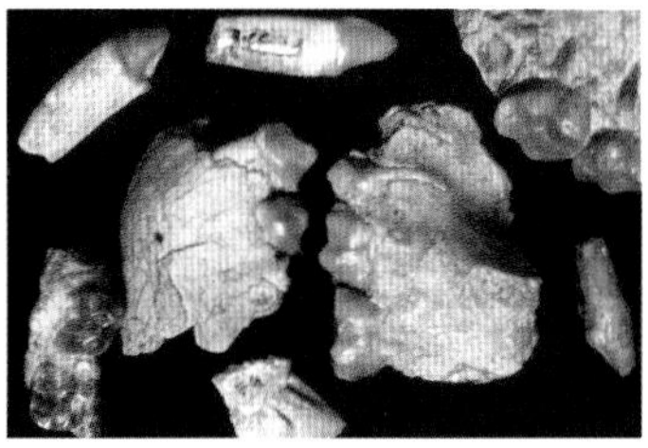

7 下列关于智人的叙述，哪个“错误”？（单选）

1.智人的拉丁文意义为真人、现代人种。
2.现代人、克罗马农人、尼安德特人中，只有尼安德特人不属于智人。
3.尼安德特人有埋葬死者的习俗，也会照顾老弱伤残。
4.艺术的出现，代表现代智人在心智上的重大发展。

（答案在22—25页）

8 填空题，下列各阶段的“人类”，各具备哪些能力？

A（制造与使用工具）、B（直立行走）、C（用火并食用熟食）、D（使用语言）、E（艺术创作）

巧人：____、____　直立人：____、____、____
尼安德特人：______、______、______
现代智人：____、____、____、____、____

（答案在18—25、28—29页）

9 是非题，下列叙述，对的打○，错的打×。

（ ）线粒体夏娃假说，可用以支持“替代理论模式”对现代人进化的解释。
（ ）“多地区进化模式”主张现代智人是直立人在世界各地独立发展出来的。
（ ）语言是人类文明进化的枢纽，使人可以传承经验，产生精神层面的行为。
（ ）现代语言在直立人阶段已经发展完全。

（答案在26—29页）

10 是非题，下列关于现代人进化的叙述，对的打○，错的打×。

（ ）影响人类进化的因素包括天择和性择。
（ ）镰刀形细胞基因和疟疾的关系，应是天择的结果。
（ ）达尔文以性择来解释人种间某些无关生存的体质特征。
（ ）生态环境的破坏与科技的滥用不会影响人类的进化。

（答案在30—33页）

我想知道……

这里有30个有意思的问题，请你沿着格子前进，找出答案，你将会有意想不到的惊喜哦！

古希腊神话中的哪位天神创造了人类？ P.06

哪本书影响了中世纪欧洲对人类起源的看法？ P.06

林奈将人哪一个生中？

太棒赢得金牌。

尼安德特人的平均寿命约为多少？ P.23

北京人的化石为何会遗失？ P.21

最早懂得用火的是哪一种史前人类？ P.21

人类的祖先约从何时扩散到世界？ P.20

人类的肤色和哪种进化机制有关？ P.30—31

基因复制会对人类进化有何影响？ P.33

想象中的未来人类长什么样子？ P.33

颁发洲金

人类语言要到哪个进化阶段才完全发展出来？ P.28

拉斯科岩画推测是谁的遗迹？ P.29

巧人是由谁发现与命名的？ P.18

太厉害了，非洲金牌也是你的！

什么是“水猿理论”？ P.17

什么是“东边的故事”？ P.16-17

“露西”属于哪一种南猿？ P.16

什么奇好

类归在
物分类
P.07

达尔文认为人类起源于哪一洲?
P.07

英国哪位学者被称为“达尔文的斗犬”?
P.09

不错哦，你已前进5格。送你一块亚洲金牌！

孢粉学家对史前人类的研究有何贡献?
P.10

了，
美洲

克罗马农人的工具制作有何特色?
P.24—25

哪种史前人类的昵称是“哈比人”?
P.25

哪种测年法被认为是目前最佳的定年法?
P.11

太好了！
你是不是觉得：
Open a Book！
Open the World！

什么是“多地区进化模式”?
P.26

人类和哪一种动物的基因组差距最小?
P.13

大洋
牌。

人和黑猩猩的发声结构有何不同?
P.28

什么是“线粒体夏娃假说”?
P.27

什么是“汤恩幼儿”?
P.14

是“李
运”?
P.15

纤细南猿和粗壮南猿有何不同?
P.14

获得欧洲金牌一枚，继续加油！

黑猩猩和南猿类在身体构造上有何不同?
P.14

图书在版编目（CIP）数据

人类的进化：大字版 / 周彦彤撰文. —北京：中国盲文出版社，2014. 8

（新视野学习百科；66）

ISBN 978-7-5002-5260-3

Ⅰ. ①人… Ⅱ. ①周… Ⅲ. ①人类进化—青少年读物 Ⅳ. ①Q 981.1-49

中国版本图书馆 CIP 数据核字（2014）第 176818 号

原出版者：暢談國際文化事業股份有限公司

著作权合同登记号 图字：01-2014-2090 号

人类的进化

撰　　文：周彦彤

审　　订：臧振华

责任编辑：杨　阳

出版发行：中国盲文出版社

社　　址：北京市西城区太平街甲 6 号

邮政编码：100050

印　　刷：北京盛通印刷股份有限公司

经　　销：新华书店

开　　本：889×1194　1/16

字　　数：33 千字

印　　张：2.5

版　　次：2014 年 12 月第 1 版　2014 年 12 月第 1 次印刷

书　　号：ISBN 978-7-5002-5260-3 /Q · 36

定　　价：16.00 元

销售热线：（010）83190288 83190292